王志强 著

星级面点

XINGJI MIANDIAN

国宝级大师 50 余年匠人技艺

U0298968

国家一级出版社

中国纺织出版社

全国百佳图书出版单位

鸣谢

北京市胜利玉林烤鸭店有限责任公司

面话人生数千载

德艺双馨写华章

杨柳

二零一七年九月

世界中餐业联合会　杨柳会长

工艺精巧
匠心独妙

韩明

二〇一七·八·十六

中国饭店协会　韩明会长

执工匠精神之志
展国宝技艺之强

姜俊贤
二〇一七·八·八

中国烹饪协会　姜俊贤会长

传承工匠精神

打造传世精品

汤庆顺

二〇一七·八·八

北京市餐饮行业协会　汤庆顺会长

京点展风采
技艺重传承

云程

二〇一七·八·九

北京烹饪协会　云程会长

集面食精品大成

传烹饪技艺伟业

段凯云

二〇一七年八月十日

北京烹饪协会　段凯云秘书长

老师傅，大师傅

文/大董

王志强师傅是老师傅，也是大师傅。老师傅岁数大，工作年头长，受人尊敬；大师傅一般除了工龄长，手艺精湛外，性格都特别谦逊，待人和气，在行业里备受崇敬。

王志强就是这样一位老师傅、大师傅。

和他相识还是在京华名厨联谊会，京华名厨联谊会是全国第一个名厨组织，由北京中国饮食文化研究会会长李士靖先生倡议发起，这个名厨联谊会可不得了："集聚了北京多家饭店、酒家、饭庄的名厨和老服务师，都是北京饮食行业的权威，大多担当过各级烹饪大赛的评委，有名望、有贡献、厨德高、技艺精、不愧为国宝级大师"（见京华名厨联谊会简介）。

京华名厨联谊会有64名会员，他们是：

侯瑞轩	首都钓鱼台国宾馆总厨师长	张　隆	原西苑饭店名厨
金永泉	原北京晋阳饭庄名厨	林月生	原北京饭店素菜特级厨师
康　辉	原北京饭店名厨	刘锡庆	原森隆饭庄名厨
黄子云	原北京饭店名厨	孙仲才	原就职于朝阳区饮食培训中心
张文海	原东方饭店名厨	王义均	原丰泽园饭店名厨
马景海	原为又一顺·饭庄名厨	陈玉亮	原北京饭店名厨
高国禄	原北京市华天饮食公司同春园饭	时广南	原丰泽园饭店名厨
庄名厨		杨　志	现任长征饭庄厨师长

董世国　　原北京市仿膳饭庄厨师长

陈守斌　　原全聚德集团总厨师长

刘荣桂　　原五洲大酒店名厨

郭锡桐　　马凯餐厅名厨

于凤仙　　原西城饮食公司厚德福酒楼

名厨

兰鸿杰　　原森隆饭庄名厨，现任北京市东

城区明华快餐公司技术总监

崔玉芬　　原北京国际饭店行政总厨

杨学智　　现在全聚德集团任职

赵树凤　　现供职于北京市华天饮食集团培

训中心

李玲珍　　原华天饮食集团公司名厨

肖玉斌　　现在北京市服务管理学校任职

程明生　　现在北京先达饮食集团公司

任职

孙应武　　北京市人民大会堂餐厅处处长

白世清　　北京烤肉季饭庄厨师长

刘国柱　　曾任北京饭店中餐厨师长，现任

北京贵宾楼饭店川菜厨房行政总厨

容学志　　现任北京民族饭店副总经理

孙大力　　北京四川饭店总经理助理、行政

总厨

侯荣凤　　哈德门饭店副总经理、便宜坊烤

鸭店经理

张铁元　　现供职于北京华天饮食集团培训

中心

赵学文　　西苑饭店名厨

李启贵　　原泰丰楼饭庄名厨，现任天伦王

朝饭店行政总厨

李国海　　松鹤楼饭店总经理

曹化禄　　北京丰兴园饭庄厨师长

李永臣　　现任西苑饭店中餐厨师长

李大力　　原聚仙楼饭庄名厨，现任兴华美

食总公司教育技术部部长

顾九如　　前门全聚德烤鸭店总厨师长

田润福　　贵宾楼饭店行政总厨

刘　刚　　北京饭店行政总厨

张志广　　现供职于北京市翔达饮食集团培

训中心

李　刚　　现任北京市103职业高中烹饪专

业教师

董振祥　　团结湖北京烤鸭店经理、总厨

师长

范业宏　　北京市友谊宾馆总经理助理

刘俊卿　　首都大酒店餐饮部高级顾问

康富有　　原北京西苑饭店厨师长

刘广华　　原西苑饭店名厨

郭凤臣	原晋阳饭庄名厨	黄　凯	现在北京市宣武区烹饪服务技术
郭文彬	原北京饭店名厨		培训学校任教
张占华	原北海仿膳饭庄名厨	王守谦	原供职于北京鸿宾楼饭庄
赵德民	现为颐和园内听鹂馆饭庄名厨	郑连福	原北京饭店名厨
张人诚	现在北京市宣武区烹饪服务技术	张玉贤	原北海仿膳饭庄名厨
	培训学校任职	曾凤茹	原东方明珠酒家副总经理
王志强	现任职于前门建国饭店	杨德才	北京市服务管理学校培训部
郝铁春	原聚仙楼饭庄名厨		（1998年资料）

　　王志强师傅比我大一辈，是老师傅，但在名厨联谊会里也是"小师傅"。记得每次在联谊会里见到王师傅，他总是对老前辈面带笑容，客客气气；对我这个小字辈也是一样。多少年过来，王师傅客客气气的微笑里多了慈祥。

　　从名厨联谊会到现在，二十多年过去了，我和王师傅成了忘年交。在各种活动中遇到王师傅，我俩无论谁先看到了谁，都会高兴地上前问候。王师傅总是拉着我的手，真挚地嘱咐：工作很累，一定要注意身体。然后又是一而再、再而三地说，技术上有任何需要，都不要客气，一定帮忙。听王志强师傅的这些话，心里总是暖暖的。

　　老师傅真诚起来，让你无法拒绝。去年在我生日的那天，他的徒弟石明经理捧着一大盘子的粉果（面点做的象形水果）进了我的办公室，说是王志强师傅特意给我的生日礼物。当时心情，可是太激动了——这些年，不想过生日，怕收礼物。收礼物是让心感受压力的事儿，人情太沉重。然而又希望在自己生日的这一天有更多的祝福，因为我们还是一个俗人，脱离不了俗人的低级趣味。那一天总是这样纠结和矛盾。王师傅自己做的粉果脱离了低级趣味，用自己的巧手和高超技艺，让一个心里矛盾的人欣然接受了，感受到温暖：一个老师傅在我面前高大起来，堪比哲学家。王师傅的粉果比真的水果还鲜亮，五彩缤纷，让人喜欢。而今这盘粉果，就在办公室桌上放着，有朋友来，我就会拿起一个给大家看。

朋友不知是假，拿在手里仔细观赏。在一众赞叹的目光下，我得意地说，这是王志强师傅送给我的生日礼物。

王志强师傅又是一个大师傅。他的活儿很精致，很到家，这个"家"是大家风范的家。

在面点界，王志强师傅有很多创新，可以载入史册的，至少有他研制的芝麻烧饼。这个故事是这样的：话说2000年前后吧，北京老百姓的生活都上了档次，上饭馆吃饭，从大盘大碗变成大大的盘子少少的菜，从大吃大喝到有了"意境"，然而配烤鸭的厚厚的烧饼，总觉得和富裕起来的时代不合拍。眼见冷菜热碟之后，顾客把一个厚厚的烧饼夹了烤鸭来吃，怎么也咽不下去。当然也吃不出烤鸭的肥香，更感受不到烤鸭的酥脆。因为烧饼很厚，有时客人基本就不用烧饼夹烤鸭吃了，甚至店里最后就不上烧饼了。然而我当时意识到，卷烤鸭的荷叶饼和夹烤鸭的烧饼都是吃烤鸭的经典方式，已经成为传统符号，是不能丢弃的。我想，继承不意味着不可改变，创新且赋予新的内涵并有更强大的生命力是最好的继承。有一天我便把这个想法和石明经理说了——希企王志强师傅能解决这个问题，创造一个新的配烤鸭的烧饼，要求越薄越好，但形状味道不变。王志强师傅很快回话：一定努力实验。经过几次不断地改善，终于有一天，一款烧饼试制成功了：自然起鼓、薄如纸的两层、味道酥香而脆。这个烧饼夹上"酥不腻"烤鸭，一口咬下去，咔嚓一声响，分不出来是烤鸭的酥还是烧饼的脆，可以说，这个烧饼和烤鸭是"滋味"二字的最好诠释。我想，这个烧饼可以命名为"志强烧饼"了。

"大师傅"是我很羡慕的一个词，也是我们厨师行业里的一个至高段位，我希望自己以后也能成为一个"大师傅"。所以我经常和朋友们说，希望大家称呼我为"大师傅"。大师傅在过去食堂里就是技术最棒的厨师头儿，一定手艺好，更要有威望；大师傅一定是一辈子都在工作岗位上，就像小野二郎，而且一辈子都在研究技艺，为不断精进手艺一丝不苟。

古今中外，不乏其人，但能坚持干一辈子，却少之又少。中国古时候有卖油翁和庖丁。王志强师傅到现在还在面案的岗位上工作，还在研究面案的技艺。而我呢，和当初想成为大师傅的理想背道而驰，只怕是不能和他相比了。

京腔京韵话京点

丁酉鸡年　朗日和风　面面聚道　即将刊行　剅划三春　几度修正　反复推敲　优中选精

王记团队　扬帆起程　不图名利　只为传承　国宝岱嶽　志强先生　古稀老叟　德高望重

厨艺超群　招数高明　点心大王　业界崇敬　举手投足　智慧充盈　先师衣钵　尽复卷中

余与先生　卅载过从　遥想当初　历历情景　电大授课　普度众生　掰开揉碎　不厌繁重

面点五皮　基本硬功　枣核走锤　教会使用　擀压抻拽　巧手成型　冷热面团　变化百种

提褶包子　提转捻封　抻面溜条　摔抖并用　煮要筋道　蒸需暄腾　烙的软乎　炸必酥松

大小包酥　层次分明　造型必美　画龙点睛　不艮不硌　窝油必生　馅心饱满　油润香凝

迎牙即裂　沾唇即溶　甘咸适口　回味无穷　众生开窍　笑语欢声　广受爱戴　烙印心中

撰文著书　沿袭传统　始末由来　起合转承　华夏文明　始于农耕　年节习俗　米面寄情

春夏秋冬　食不雷同　元旦启始　年糕蜜供　祈福迎祥　如日东升　更岁饺子　攒馅扁食

正月赏灯　元宵什景　喜迎新春　春卷煎饼　春分清明　灌肠团青　馓子麻花　祭扫踏青

立夏豆饭　端午角粽　夏至冷淘　肉丁馒头　秋后贴膘　褡裢火烧　中秋月饼　重阳花糕

迎冬饽饽　馄饨汤饺　祭祀填仓　甘饴米糖　周而复始　糜菽谷粱　粉面粥羹　层出不穷

总结归纳　耕耘播种　发扬光大　不辱祖宗　高师大德　憨厚秀中　承前启后　砥砺躬行

师古不泥　独辟蹊径　思维跳跃　求索不停　前门饭店　洒汗半生　从学到会　由细而精

京畿福地　人杰地灵　胡同文化　底蕴厚重　五行八作　代有龙凤　王者志强　立派开宗

厚积薄发　大道功成　包罗众艺　百卉奇生　乒乓外交　银球传情　南极科考　企鹅冰峰

文房四宝	熊猫憨萌	伴手大礼	港澳风行	象形蔬果	栩栩如生	烤烙煎蒸	个个上乘
门下弟子	龙虎燕莺	恩师教诲	铭刻胸中	掌门石明	人中龙凤	厨艺精湛	做人昌明
山东大汉	尹氏旭勇	军中楷模	屡建勋功	滕家杏枝	女子精英	外国专家	称许赞颂
朱氏晓蕾	中外扬名	索契冬奥	广受追捧	武家玉蓉	手巧心灵	清华大学	首席问鼎
程氏波军	技术全能	京西宾馆	领衔标兵	米氏占劳	同门敬重	小脚踢球	横竖都行
高门宗义	苹果驰名	京丰宾馆	后勤保障	冯氏玉江	稳重老诚	业务熟练	业内大名
老师张虎	技术过硬	教书育人	师生好评	胥氏树青	聪慧精灵	誉满延庆	真才实干
张家景宇	聚德精英	各类大赛	金牌冠鼎	名厨马强	高超本领	巨大麻球	扬威立名
聚德史瑞	虎将骁勇	精研厨艺	白案全能	华天吉桐	劳动标兵	政府特批	户口进京
文彬军权	坐店经营	生意火爆	有色有声	玉林小盛	炉火纯青	剔削抻拔	晋面大成
小茹小辉	有为年轻	冷点小吃	细腻玲珑	连文郑阳	业有所成	不温不火	埋头前行
义子鹏程	烹坛驰骋	技术精湛	厨艺谜踪	万波春梅	冉冉新星	能文能武	潜心修行
师父掌舵	徒儿奋勇	敬业乐群	岗位练兵	回报社会	造福大众	撰文配图	福荫子孙
大匠之门	去伪存真	点心极品	美艳绝伦	徽子蝴蝶	飘然欲飞	福禄排叉	酥香味美
梅兰荷菊	奇花异卉	牡丹绽放	国色天香	杨桃山竹	柿柿如意	香梨芬芳	苹安四季
花菇莲白	苦瓜顺气	久保大桃	馨香馥郁	酒桶雨伞	创新典范	牦牛献瑞	草帽加冠
酥皮粽子	端阳好礼	海螺嫩藕	实非一般	结彩张灯	佳节欢度	虾饺百财	福寿全来
搁笔至此	引玉抛砖	致敬王记	薪火永传				

岁次丁酉年大暑之日金生撰文代序

目录

Part 2

与时俱进的时代作品

Part 3

传统北京小吃

Part 4
徒弟优秀作品展示

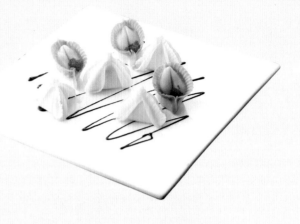

Part 1

中式面点的
传承和创新

五皮

面点在我国具有悠久的历史。从新石器时期，先民将舂去麸皮的整粒谷物，通过简单的热处理制成比较香美的食物开始，一代代面点师通过不断的研究与实践、融合与创新推动着我国面点工艺的发展，大量南北结合、中西结合、古今结合的精细面点品种不断涌现，适应着人们不断增长的饮食需求。用精致、精巧、精美的面点作品带给人们食的享受和艺术的美感将是我们追求的目标。

中式面点品种繁多、样式复杂，但就其基本的操作过程而言，从古至今，已经形成了一套科学完整而行之有效的操作程序和技术。这些操作程序和技术，虽因原料、成型、熟制的方法有别，但都有一个共同的操作程序。这每道程序就是面点制作入门的重要基本功，只有学好并熟练掌握这些基本功，才能制出符合质量要求的成品，并逐步提高面点制作的水平。

说到面点的基本功，不得不提到其中的重要一环"制皮"，面点制作中90%的品种需要制皮。许多品种，尤其是包馅品种不经过制皮是无法成型的，由此可见制皮的重要性。而"制皮"环节中的重中之重，为之"五皮"：饺子皮、包子皮、烧麦皮、春卷皮、馄饨皮。老一辈面点师都知道，新学徒一入行首先要学习的是"五皮"制作，跟着师父一练就是几年，这是为今后从事面点工作打下的坚实基础，只有"五皮"制作彻底过关，接下来动手制作复杂的糕点才能像模像样。下面具体向大家介绍一下制作"五皮"时的一些经验与小窍门。

一、饺子皮

饺子是我国历史悠久的传统特色食品，千百年来人们相沿成习，流传至今已成为民间年节美食。擀制饺子皮时，可用单手擀，也可用双手擀。从传统制作上来讲，应用双手擀的方法，此方法可分为单支杖（枣核形擀面杖）和双支杖（直径为1.5厘米的圆柱形擀面杖，擀皮时两根合用）两种方式，使用方法和技巧大同小异。

擀皮方式为旋转擀制，手法为压擀法，适用于制作平展圆整、四周较薄、中间稍厚的面皮，所擀制出的每一张皮都要成碗状，便于之后的上馅和包制。此方法运用较广，操作技术性很强。

> **小窍门**
>
> 1. 擀面杖运行时，双手推进的力量要由大到小，退回时不要用力。
> 2. 擀制面皮时记住一个要领：要想面皮中间厚，擀到中心即停止；要想面皮薄厚一样，擀过中心再后撤。
> 3. 作为一个合格的面点师，擀制饺子皮时，每张皮擀制4～5下为宜，也就是每次转动面剂的角度为75°～90°。

二、包子皮

说到包子皮，其实不仅仅是包子面皮的制作，最主要的是考验一个面点师对发酵面团制作的掌握程度是否到位。清代文人袁枚在《随园食单》中云："包子发酵面最佳，手捺之不盈半寸，放松仍隆然而高。"可见发酵面团具有质地膨松、软中带韧的特性。包子的制作是考核一位面点师是否合格的基本条件。

包子面皮的制作现在一般都采用擀面杖擀制的方法，和饺子皮的制作方法基本相同。但由于发酵面团和水调面团的特性不同，所以擀制出的面皮要有一定的厚度，便于接下来的包制与成型环节。从传统制作上来讲，包子皮应采用按皮法制作，具体方法是：将面剂揉成球形，用右手的掌跟对面皮进行按压，注意每次旋转的角度要一致，用5~6下将面剂按成四周较薄、中间稍厚的圆形面皮。现在大多数厨师都采用酵母发酵法，这种方法简单省时，易操作，但成品吃起来总觉得少了一些面粉本身应有的香味和口感。从传统制作上来讲发酵面团应采用面种发酵法制作，但由于其制作周期较长，操作难度大，对操作者的工作经验要求高等原因，往往不被现代面点师采用。

下想通过对一些面种发酵法专业术语的解释来帮助大家掌握此方法：

1. 酵种：又称"面种""面肥""老肥"，指用水调制成的面团，放置于室温较高的地方长时间发酵，在发酵过程中，面团产生空洞、膨大、疏松、多孔的现象并有强烈的酸气味，即成为"酵种"。广泛应用于膨松面团的制作，是中国面食传统工艺技术。

2. 打碱：又称"兑碱""下碱"，指在发酵的面团中加入适量的食用碱，使之酸碱中和，去除酸味，并通过饧发，使面食制品达到洁白、膨松、暄软的质感效果。

3. 伤碱：又称"碱大"，指发酵面团兑入食碱剂量超过需要量，致使面团制品色黄，味苦的现象（补救方法：面团如放碱过多，就要缓饧面团，让酵面继续发酵，使之产生酸类物质与碱中和，达到"让碱跑掉"的目的）。

4. 缺碱：又称"欠碱"。一种情况是，发酵面团兑入食碱剂量不足，致使面团制品有酸气味，色泽发暗，膨松程度低的现象；另一种情况是，兑好食碱的发面团，因放置时间过久，或饧制时间过长，或面团制品因蒸制时火力不旺，蒸汽不足，造成食碱散失过多，致使面团制品有酸味，且口感发黏。

5. 听面：又称"拍酵"，指发酵面团加入食碱后，用手轻轻拍打揉好的面团，感觉手的回力，听其声音辨别用碱剂量，如发出"膨膨"的响声，手感觉有回力，而不觉得手痛，为用碱量合适；发出"扑扑"的响声，手感觉回力大，而觉手痛，则是用碱量过多。用"听面"的经验来指导用碱剂量是面点厨师在长期工作中积累的经验。

6. 蜂窝眼：指根据发酵面团蜂窝孔的大小和均匀程度，即可检验面食制品的质量。面食成品的"蜂窝孔"越均匀、越小，质量越高。

7. 走碱：指温度对面团的影响。应依季节变化增减，添加食碱的剂量，在天热温度高的情况下，虽然面团中的酸碱起到了中和作用，一时酸味消失，但静置一段时间后，面团菌群继续繁殖，酸味很快增重，酸性超过了碱性，就必须再加入适量的食碱。反之，在天冷温度低的情况下，面团菌群不易繁殖，面团内酸碱中和状态保持相对较长。可见，天冷不易走碱，天热容易走碱。

8. 三分做，七分饧：指面团成型后，将面团再放置一段时间，使面团继续发酵膨胀，达到更加松软的程度，这是因为面团在反复揉搓时，一部分二氧化碳气体逸出，致使面团结构紧密，经过饧制后的面团再进行熟制，成品质量更佳。饧面这道工序是发酵面团制作过程中很重要的工序。

9. 吃碱：指采用同一成熟方法，因加工品种不同，故其所用碱量也应有所区别。包子面皮相比馒头面团要松软，要想面团松软，添加老肥的剂量就要加大，这样使面团疏松，多孔，故制作包子就要比蒸馒头用碱量多。传统加工膨松面团制品用碱量没有固定的标准量，它受许多因素的影响和制约。一般来说包子比馒头吃碱量大，实践中应根据实际情况来确定使用食碱的剂量。

三、烧卖皮

烧卖在中国土生土长，历史相当悠久。元代《朴事通》记载云："皮薄肉实切碎肉，当顶撮细似线梢系，以面作皮，以肉为馅当顶做花蕊，方言谓之烧卖。"烧卖皮的制作是中式面点中最具特色的一种制皮法，擀制方式为旋转擀制，手法为推压擀法，此种方法技术独特，操作性强。

1. 擀制面皮时，最好以烧卖棰中间为圆心，一只手固定中心点，另一只手对烧卖棰进行牵转，牵转力要保持一致。
2. 烧麦皮褶皱的长度决定于烧麦棰中心点放在面剂的位置，靠近面剂的圆心，褶皱就长；反之，则短。
3. "荷叶边，金钱底"为面点行话，指加工制作烧卖皮的标准，周边带有百褶纹，边沿要似荷叶形，面皮中间微微厚，好似铜钱当中卧。

四、春卷皮

春卷是我国民间独特的风味小点。宋代名人蔡襄曾留下"春盘食菜思三九"的诗句，盛赞春卷的美味。春卷皮的制作方法为摊皮法，此种方法较为特殊且很有讲究，主要用于浆、糊状或稀软面团的制皮，需要借助于锅具。摊皮时除了摊皮的手法、动作有一定操作要求外，还必须掌握运用火候的技术。

1. 在和制春卷皮面团时一定要摔打至面团细滑无颗粒后才能开始摊皮。在加盐的量上一定要注意，记住一句行话：面团发白盐大；面团有粒盐小。
2. 摊皮时注意饼铛温度要控制在70℃，记住一句行话：面不粘铛温度低，面皮粗糙温度高。
3. 要想让摊出的面皮平整圆润，就要注意上下抖动面团时面团形状的变化，只有在面团下坠时呈一个正圆体时迅速在饼铛上转一圈才能达到理想的效果。

五、馄饨皮

馄饨是我国传统小吃，但各地的叫法也有些"混沌"，有的地方称为"云吞"，有的地方称为"抄手"。清代《清稗类抄》记载："馄饨，点心也，汉代已有之。以皮为薄，有襞积，人呼之曰绉纱馄饨，取其形也。"由此可见，馄饨皮的制作是相当有讲究的，其特点为：柔软有劲、薄厚均匀、皮薄如纸。馄饨皮的擀制方式为平展擀制，手法为滚压擀法。

1. 面团要揉匀上劲，加入适量精盐有提高筋性、增白的作用。
2. 在擀压面皮时，双手要用力均匀，使面皮两边保持整齐；注意调整擀面杖与面皮的位置，确保面皮始终呈长方形。
3. 记住一句行：要想馄饨皮儿薄，擀压间隙要拉拽。

　　"五皮"是面点制作技艺基础中的基础，其实简单的已经不能再简单了，但往往就是这些看似简单的技法，才是决定菜点成败的关键所在。面皮就是面点的"脸面"，能够制作好"五皮"，说明已经能够把握面点基础面团的物理特性（面团的筋性）和使用面点基础制作工具了，接下来，应该在保证质量的前提下不断地提高速度，完善技艺。希望年轻的面点厨师们和想要从事面点职业的准厨师们在今后的工作和学习中通过对"五皮"的制作把面点制作的基本功打牢，为你们今后的工作奠定坚实的基石。

① 金丝葫芦

坯皮 特精粉、盐、胡萝卜汁

馅心 鸡蛋、黄油、白糖、牛奶、枸杞、熟南瓜泥

特点 成品色泽金黄，质感酥脆，馅心嫩滑香甜，口味咸甜，形如葫芦，对基本功要求较高，是将传统龙须面制成立体造型的典范，同时寓意美好，即"福禄双收"，是极好的宴会点心。曾获第五届全国烹饪大赛金奖。

金丝葫芦制作步骤

1. 调制面团：将面粉过筛与盐一起拌匀，加入胡萝卜汁和成面团。

2. 制作馅料：将鸡蛋、黄油、白糖、牛奶、枸杞、熟南瓜泥调制成馅料。

3. 加工半成品：将和制好的面团用抻面的手法加工成龙须面后，放入模具中加工成型。

4. 炸制成品：将加工成型的半成品放入油锅中炸制成熟。

5. 成品装盘：待控出多余油分后，在成品中加入调制好的馅料，根据盘饰设计装盘。

② 玻璃馄饨

坯皮　高筋面粉、盐、鸡蛋清、水

馅心　猪肉馅、盐、糖、葱、姜、胡椒粉

汤料　胡椒粉、水、鸡蛋、色拉油、香油、香菜、清汤

特点　馄饨皮薄如纸、玲珑剔透、形如宫帽，口味咸鲜适口、质感滑爽，此道点心营养丰富、老少皆宜。

玻璃馄饨制作步骤

1. 调制面团：将面粉过筛与盐一起拌匀，加入蛋清、水和成面团。

2. 制作馅料：将猪肉馅、盐、糖、葱、姜、胡椒粉调制成馅料。

3. 加工半成品：将和制好的面团加工成馄饨皮（见五皮的制作），放入馅心包制成型。

4. 煮制成品：将包好的半成品放入锅中煮制成熟。

5. 成品装盘：将煮好的馄饨放入碗中加入事先调制好的汤料及配料。

③ **薄荷甑糕**

坯皮 面粉、黄油、糖粉、鲜薄荷

特点 口味清凉，大小一致，去暑解热，甜香利口。

薄荷甑糕制作步骤

1. 加工原料：将面粉干蒸至熟，过筛去颗粒。将鲜薄荷榨汁浓缩。

2. 调制面团：将面粉、黄油、糖粉、薄荷汁一起拌匀。

3. 加工成品：将调制好的面料放入模具中按实后磕出，加工成型。

4. 成品装盘：将制作好的成品根据盘饰设计装盘。

④ 千层酥盒

坯皮　高筋面粉、低筋面粉、黄油

馅心　虾仁、青豆、胡萝卜丁、盐、糖、胡椒粉

特点　色泽金黄，层次分明，质地酥脆，造型美观。

千层酥盒制作步骤

1. 调制面团：将面粉、黄油、水和制成水油面。将面粉、黄油和制成油酥面。

2. 包酥制皮：将油酥面包入水油面中，捏拢收口朝下，用走槌擀开，擀开时要始终保持四角平正。擀薄后折成3层，再擀开，再折叠成3层，再擀开并用花戳依次戳出酥皮。

3. 制作半成品：将酥皮依次摞成3层，用蛋清粘好成杯状后码入烤盘。

4. 烤制成品：放入烤箱烤制20分钟左右至成熟。

5. 加工馅料：将馅心原料放入锅中炒制成熟。

6. 成品装盘：将馅料放入烤制好的酥皮中，根据盘饰设计装盘。

⑤ 鹅肝元宝

坏皮 玉米面、豆面、面粉、蛋黄、小苏打、白糖、水

馅心 鹅肝酱

特点 色泽金黄，形似元宝，质地酥松，是高档宴会的佳品。

鹅肝元宝制作步骤

1. 调制面团：将玉米面、豆面、面粉过筛与白糖、鸡蛋黄、小苏打一起拌匀和成面团。

2. 加工半成品：将和制好的面团搓条、出剂、擀皮并包入鹅肝酱，加工成元宝状半成品。

3. 蒸制成品：将包好的半成品放入蒸锅中蒸制成熟。

4. 成品装盘：将蒸好的成品，根据盘饰设计装盘。

⑥ 罗汉大包

坯皮 高筋面粉、干酵母、糖

馅心 猪肉馅、盐、酱油、香油、糖、胡椒粉、姜、葱

特点 色泽洁白光亮，馅心油润鲜嫩，提褶均匀，口味咸鲜，质地松软，老少适宜，营养丰富。

罗汉大包制作步骤

1. 调制面团：将面粉过筛与酵母、糖一起拌匀，加水和成面团。

2. 制作馅料：将猪肉馅、盐、酱油、香油、糖、胡椒粉、姜、葱调制成馅料。

3. 加工半成品：将和制好的面团搓条、出剂、擀皮，放入馅心包制成型。

4. 饧制半成品：将包好的半成品放入蒸笼中，静置约20分钟，待体积膨大至原来的1.5倍左右。

5. 蒸制成品：将包好的半成品放入锅中蒸制成熟。

6. 成品装盘：将蒸好的成品，根据盘饰设计装盘。

⑦ 牛眼馅饼

坯皮　高筋面粉、盐、水

馅心　牛肉馅、盐、白胡椒粉、香油、大葱、姜、花椒水

特点　口味咸鲜，色泽金黄，皮薄，馅心油嫩多汁，是老北京传统大众清真食品。

牛眼馅饼制作步骤

1. 调制面团：将面粉过筛与盐一起拌匀，加水和成面团。

2. 制作馅料：将牛肉馅、盐、白胡椒粉、香油、大葱、姜、花椒水调制成馅料。

3. 加工半成品：将和制好的面团搓条、出剂、擀皮，放入馅心包制成型。

4. 烙制成品：将包好的半成品放入饼铛烙制成熟。

5. 成品装盘：将烙好的成品，根据盘饰设计装盘。

⑧ 气鼓饽饽

坯皮 高筋面粉、猪油、水、芝麻

特点 色泽金黄，面香浓郁，呈鼓肚圆形，酥脆可口，配烤鸭上桌味道极佳。

气鼓饽饽制作步骤

1. 调制面团：将面粉过筛加水、猪油和成面团。

2. 包制面团：将和制好的面团搓条、出剂，包入适量油酥将口封严。

3. 制作半成品：用擀面杖将包好的半成品擀制成皮，撒上少许白芝麻，依次码入烤盘。

4. 烤制成品：放入烤箱烤制10分钟左右至成熟且面皮鼓起。

5. 成品装盘：将烤好的成品根据盘饰设计装盘。

① 豆沙包

坯皮 高筋面粉、白糖、干酵母

馅心 红豆沙馅（红豆、糖、油、桂花酱）

特点 色泽洁白光亮，质感暄软，口味香甜，豆香味浓郁，形状椭圆如鸭蛋状。

② 福字饼

坯皮 高筋面粉、白糖、干酵母

馅心 枣泥馅（小枣、糖、油）

特点 色泽洁白光亮，口感软糯，枣香味浓郁，规格一致，为寿宴之佳品。

③ 大馒头

坯皮 面粉、白糖、酵母

特点 色泽洁白，松软光滑，形态美观，口味香甜，北方传统家常面食。

④ 奶黄包

坯皮 高筋面粉、白糖、干酵母

馅心 鸡蛋、黄油、糖、炼乳、牛奶、奶粉

特点 色泽白净，吃口暄软，奶香浓郁。

5 囍字饼

坯皮 高筋面粉、糖、干酵母

馅心 红莲蓉馅

特点 色泽洁白光亮，质感暄软，口味香甜，规格一致，为喜庆宴会之佳品。

⑥ 银丝卷

坯皮 面粉、白糖、酵母、香油、食用油

特点 质感暄软，造型美观，内部丝条均匀，口味香甜。

7 枣荷叶

坯皮	高筋面粉、白糖、干酵母
馅心	金丝小枣
特点	膨松有弹性，口味香甜，枣味浓郁，规格一致。

⑧ 枣发糕

坯皮 高筋面粉、干酵母、白糖、小枣

特点 色泽呈酱红色，质感松软，口味香甜，枣味浓郁。

蒸八样面点制作步骤

1. 调制面团：将面粉过筛与酵母、白糖一起拌匀，加入清水及相应原料和成面团。

2. 制作馅料：根据要求加工调制馅料。

3. 包制成型：将和制好的面团用压面机压制光滑，搓成粗细一致的圆条，根据菜点要求大小出剂、擀皮、包入相应馅料（枣发糕直接放入模具中），依据所做面点形状加工成型。

4. 饧制半成品：将加工好的半成品架入蒸笼中，静置约20分钟，待体积膨大至原来的1.5倍左右。

5. 蒸制成品：用中火蒸制30分钟左右至成熟。

6. 成品装盘：待蒸制好的成品静置几分钟后，根据盘饰设计装盘。

酥八件

福字酥

坯皮 低筋面粉、黄油、鸡蛋、奶粉、小苏打、糖粉、胡萝卜汁

馅心 红豆沙馅

特点 色泽金黄，口味香甜，质感酥松，是传统大众佳品。

禄字酥

坯皮 低筋面粉、黄油、鸡蛋、奶粉、小苏打、糖粉、菠菜汁

馅心 白莲蓉馅

特点 色泽碧绿，口味香甜，质感酥松，是传统大众佳品。

寿字酥

坯皮 低筋面粉、黄油、鸡蛋、奶粉、小苏打、糖粉、巧克力粉

馅心 红莲蓉馅

特点 颜色稳重，口味香甜，质感酥松，是传统大众佳品。

囍字酥

坯皮 低筋面粉、黄油、鸡蛋、奶粉、小苏打、糖粉、红菜头汁

馅心 黑芝麻馅

特点 色泽紫红，口味香甜，质感酥松，是传统大众佳品。

福、禄、寿、囍字酥点制作步骤

1. 调制面团：将面粉过筛与低筋面粉、小苏打、糖粉一起拌匀，加入黄油、鸡蛋及相应原料和成面团。

2. 制作半成品：将和制好的面团搓条、出剂包入相应馅料搓成圆球状，放入模具中加工成型码入烤盘。

3. 烤制成品：放入烤箱烤制20分钟左右至成熟。

4. 成品装盘：待烤制好的成品放凉后，根据盘饰设计装盘。

苹果酥

馅心 红莲蓉馅

寿桃酥

馅心 五仁馅

葫芦酥

馅心 紫薯馅

白皮酥

馅心 豆沙馅

苹果酥、寿桃酥、葫芦酥、白皮酥制作步骤

坯皮 高筋面粉、猪油、水

酥心 低筋面粉、猪油

馅心 见上文

1. 调制面团：将面粉、油、水和制成水油面。将面粉、油和制成油酥面。

2. 包酥制皮：将油酥面包入水油面中，捏拢收口朝上，用走槌擀开，擀开时要始终保持四角平正。擀薄后折成3层，再擀开，由上至下卷起。

3. 制作半成品：将卷好的酥皮出剂包入相应馅料，根据酥点要求加工成型后码入烤盘。

4. 烤制成品：放入烤箱烤制20分钟左右至成熟。

5. 成品装盘：待烤制好的成品放凉后，根据盘饰设计装盘。

6. 特点：色泽洁白、口味香甜、质感酥松、是传统宴会佳品。

春兰

原料 高筋面粉、色拉油、猪油、巧克力酱

特点 造型美观，色彩洁白，口味香甜，质感酥脆，此道点心形如一幅立体陶瓷画，清秀灵动，把食品上升到更高的艺术境界，给人以美的享受，让食客不忍动箸。

夏荷

原料 高筋面粉、色拉油、猪油、红菜头汁

特点 造型美观，色彩艳丽，口味香甜，质感酥脆，此道点心形似一幅立体图画，清秀灵动，给人以美的享受，让食客不忍动箸。

秋菊

原料 高筋面粉、猪油、胡萝卜汁、色拉油

特点 造型美观，形似菊花，此道点心意境深远，给人以美的享受，让食客不忍动箸。

冬梅

原料 高筋面粉、色拉油、猪油、红菜头汁

特点 造型立体美观，形态逼真，色彩艳丽，口味香甜，质感酥脆，此道点心形似一幅立体图画，展现在食客面前，给人以美的享受。

花开富贵

原料　高筋面粉、鸡蛋、色拉油、猪油

特点　造型美观，色彩靓丽，宛如一幅国画，观之形美动人，食之酥松香甜。

四扇屏酥点制作步骤

1. 调制面团：将面粉、油、水和制成水油面。将面粉、油和制成油酥面。

2. 包酥制皮：将油酥面包入水油面中，捏拢收口朝上，用擀面杖擀开，擀皮时要始终保持四角平正。擀薄后折成3层，再擀开，制成油酥面皮。

3. 制作半成品：将油酥面皮根据酥点形状加工成半成品。

4. 炸制成品：待油加热到四成热时，将制作好的半成品炸制成熟。

5. 成品装盘：将炸好的半成品吸去多余油分后，根据盘饰设计装盘。

❶ 久保桃

坯皮　富强粉、绵白糖、菠菜汁、干酵母、无矾泡打粉

馅料　桃馅

装饰料　红菜头汁、可可粉面团

特点　口味甜香，桃味浓郁，形态逼真，是寿宴席中的代表。

❷ 橘子

坯皮　富强粉、绵白糖、胡萝卜汁、干酵母、无矾泡打粉

馅料　橘子馅

装饰料　菜汁面团、黑芝麻

特点　此道点心形态逼真，色彩艳丽，橘皮的凹凸特点表现的出神入化，口味甜香，质感松软，既有食用性，又具观赏性，让人爱不释手。

③ 库尔勒香梨

坯皮 富强粉、吉士粉、水、绵白糖、干酵母、无矾泡打粉、菠菜汁

馅料 香梨馅

装饰料 菜汁面团、可可粉面团、红菜头汁

特点 口味香甜，质感松软，形象传神，老少适宜，是筵席点心的佳作，有清咽利肺的功效。

④ **柠檬**

坏皮 富强粉、吉士粉、绵白糖、无矾泡打粉、酵母、水

馅料 奶黄柠檬馅

装饰料 菠菜汁面团

特点 色彩明艳，形态逼真，口味酸甜，老少皆宜，有一定的食疗功效。

⑤ **山竹**

坏皮 富强粉、红菜头汁、可可粉、干酵母、绵白糖、紫薯汁

馅料 红莲蓉馅

装饰料 菠菜绿面团

特点 味道香甜适口，形象逼真，色彩独特。

⑥ 石榴

坏皮 富强粉、吉士粉、水、绵白糖、干酵母、无矾泡打粉、菠菜汁

馅料 石榴馅

装饰料 菜汁面团、可可粉面团、红菜头汁

特点 口味香甜，质感松软，造型逼真，老少适宜，是筵席点心的佳作。

⑦ 柿子

坯皮	富强粉、绵白糖、无矾泡打粉、胡萝卜汁
馅料	柿子馅
装饰料	可可粉面团

特点　甜香适口，质感松软，色彩艳丽，形象逼真，是吉祥喜庆宴会的佳品，含义深刻"事事如意"。

⑧ 青苹果

坯皮　富强粉、绵白糖、菠菜汁、干酵母、无矾泡打粉

馅料　苹果馅

装饰料　可可面团

特点　口味香甜，质感松软，色彩碧绿，用特殊蒸制方法把苹果的脐和梗体现得完美无缺，达到了以假乱真的艺术效果，让食客不忍下口，是获得全国烹饪大赛特金奖的作品。

⑨ 杨桃

坯皮 富强粉、酵母、绵白糖、菠菜汁、无矾泡打粉

馅料 杨桃馅

装饰料 可可粉面团、黑芝麻

特点 口味甜酸，质感松软，皮色碧绿，形象逼真，是筵席点心中的精品，也可作为展台作品，获得北京市技协杯面点大赛金奖。

面果、蔬菜类象形面点制作步骤

1. 调制面团：将面粉过筛与无矾泡打粉、酵母、白糖一起拌匀，加入清水及相应果蔬浓缩汁和成面团。

2. 制作馅料：将面粉、生粉、白糖、黄油及相应的果蔬鲜榨汁和果蔬肉等其他原料调制成馅料半成品，蒸熟成馅料。

3. 包制成型：将和制好的面团用压面机压制光滑，搓成粗细一致的圆条，根据菜点要求大小出剂、擀皮、包入相应馅料搓成圆球状，依据所做面果形状加工成型。

4. 饧制半成品：将加工好的半成品架入蒸笼中，静置约20分钟，待体积膨大至原来的1.5倍左右。

5. 蒸制成品：用中火蒸制10分钟左右至成熟。

6. 成品装盘：待蒸制好的成品静置几分钟后，根据盘饰设计装盘。

蔬菜四样

① 花菇

坯皮　富强粉、绵白糖、无矾泡打粉、干酵母、水

馅料　白莲蓉

装饰料　白面团、可可粉

特点　此道点心形象传神，好似真的花菇一般，特别是花菇顶部的不规则花纹，都体现的完美无缺，可以说是蓬松面团的经典之作。

② **黄彩椒**

坏皮 富强粉、绵白糖、南瓜泥、干酵母、无矾泡打粉

馅料 奶黄馅

装饰料 菠菜汁面团

特点 此点心口味香甜，质感暄软，色彩明艳，形象传神，老少皆宜，是宴席中的佳品。

③ 圆白菜

坯皮 富强粉、菠菜汁、绵白糖、无矾泡打粉、干酵母

馅料 白莲蓉

装饰料 白面团

特点 口感暄软蓬松，口味香甜，老少适口，形态逼真，色彩清新优雅。

4 长茄子

坯皮 富强粉、紫薯泥、干酵母、白糖、水

馅料 豆沙馅

装饰料 菠菜汁面团

特点 口味香甜，暄软适口，色彩艳丽，形态逼真，是筵席点心中的佳品。

Part 2

与时俱进的
时代作品

① 冰山企鹅

坯皮 糯米粉、澄面、糖、猪油、可可粉、水

馅心 奶黄馅

装饰料 糖粉制作的冰山

特点 口味香甜，奶香味浓郁，质感软糯，色泽黑白分明，造型可爱逼真，要求制作人员有较强的艺术天分，对事物观察仔细，心灵手巧。此道点心是高档宴会佳品，曾多次在接待外国元首的国宴上亮相，并受到嘉宾好评。

② 金钱元宝

坯皮 富强粉、细玉米面、黄油、干酵母、熟鸡蛋黄

馅心 奶黄馅

特点 造型美观，色泽金黄，光亮，口味香甜，质感暄软，此点要求操作人员技术较高，是高档宴会佳品。

③ 蒲棒

坯皮 糯米粉、熟黄豆面

馅心 红豆沙馅

装饰料 青蒜苗

特点 口味香甜，质地软糯，形态逼真，造型独特，营养丰富，老少适宜，是宴会佳品。

④ 扇贝酥

坯皮　高筋面粉、猪油、水

酥心　低筋面粉、猪油

馅心　奶黄馅

装饰料　银糖珠

特点　色泽洁白，层次分明，香甜适口，质地酥脆，造型逼真，要求制作者基本功扎实，动手能力强，是高档宴会上的佳品，此点曾获大赛金奖。

⑤ 小鸡出壳

坯皮	高筋面粉、猪油、水
酥心	低筋面粉、猪油
馅心	桂花红豆馅
装饰料	糖粉蛋壳、蛋黄

特点 口味香甜，桂花味浓郁，质感酥松，造型可爱，装盘新颖，要求制作人员有较强的基本功和动手能力，是传统酥皮点心的改良品种，曾多次出现在接待外国元首的国宴上，并受到嘉宾好评，是高档宴会佳品。

6 熊猫戏竹

坯皮1　高筋面粉、猪油、水

坯皮2　低筋面粉、猪油

馅心　黑芝麻馅

装饰料　黑芝麻

特点　造型可爱逼真，色泽黑白分明，口味香甜，质感酥松，是高档宴会佳品，曾在接待外国元首的国宴上制作此点，并受到中外嘉宾高度好评。

⑦ 雨伞酥

坯皮 高筋面粉、猪油、水

酥心 低筋面粉、猪油

馅心 白莲蓉馅

装饰料 糖粉棒伞把，草莓果酱、巧克力

特点 形态美观新颖，造型逼真，色泽洁白，层次分明，口味香甜，质感酥脆，要求制作人员有较高技艺，基本功扎实，是高档宴会佳品，曾在大赛中获特金奖。

⑧ 迷你小粽子

原料 糯米、桂花、蜂蜜

特点 口味香甜，桂花味浓郁，形态小巧玲
珑，是宴会佳品。

Part 3

传统北京小吃

① 艾窝窝

坯皮 糯米、大米粉

馅心 白糖、芝麻仁、核桃仁、瓜子仁、青梅、金糕、糖桂花、冰糖渣

特点 形状如球，表面如挂一层白霜，口感软糯柔韧，馅心松散香甜，是北京传统风味小吃。

艾窝窝制作步骤

1. 加工原料：将大米粉干蒸至熟，过筛去颗粒。糯米泡水2小时后蒸制成熟。

2. 制作馅料：将白糖、芝麻仁、核桃仁、瓜子仁、青梅、金糕、糖桂花、冰糖渣调制成馅料。

3. 包制成品：将蒸熟的糯米揉匀，倒在过筛的大米面上，搓条，下剂。包入调制好的馅料成圆球形。

4. 成品装盘：将包好的成品根据盘饰设计装盘，最后点上一粒事先切好的山楂糕。

② 八宝饭

原料 糯米、白糖、猪油、糖浆、红豆沙、小枣、瓜条、果脯、莲子、核桃仁、瓜子仁、花生仁、青梅

特点 饭中有八种果料，色彩美观，营养丰富，饭质软糯，入口香甜。

八宝饭制作步骤：

1. 制作米料：糯米泡水2小时后蒸制成熟，趁热加入白糖、猪油拌匀。

2. 制作馅料：将小枣、瓜条、果脯、莲子、核桃仁、瓜子仁、花生仁、青梅按照事先设计形状加工成型。

3. 加工半成品：将碗中刷一层油，按照事先设计好的图案将馅料码入碗底，将蒸好的糯米轻轻覆盖一层在摆好的馅料上（注意不要把馅料摆成的图案弄散），放入红豆沙馅，再放一层糯米并与碗沿持平。

4. 蒸制成品：将加工好的半成品放入锅中蒸制30分钟。

5. 成品装盘：将蒸好的八宝饭扣入盘中，淋上少许糖浆即可。

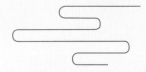

③ 白皮酥

原料　高筋粉、低筋粉、猪油、绵白糖、糖桂花、熟面粉、植物油、核桃仁、熟芝麻、金橘饼、青红丝

特点　口味香甜，桂花味浓郁，入口酥化，色泽洁白，获得北京市技协杯面点大赛金奖。

白皮酥制作步骤

1. 调制面团：将面粉、油、水和制成水油面。将面粉、油和制成油酥面。

2. 包酥制皮：将油酥面包入水油面中，捏拢收口朝上，用走槌擀开，擀开时要始终保持四角平正。擀薄后折成3层，再擀开，由上至下卷起。

3. 制作半成品：将卷好的酥皮出剂包入相应馅料，根据酥点要求加工成型后码入烤盘。

4. 烤制成品：放入烤箱烤制15分钟左右至成熟。

5. 成品装盘：待烤制好的成品放凉后，根据盘饰设计装盘。

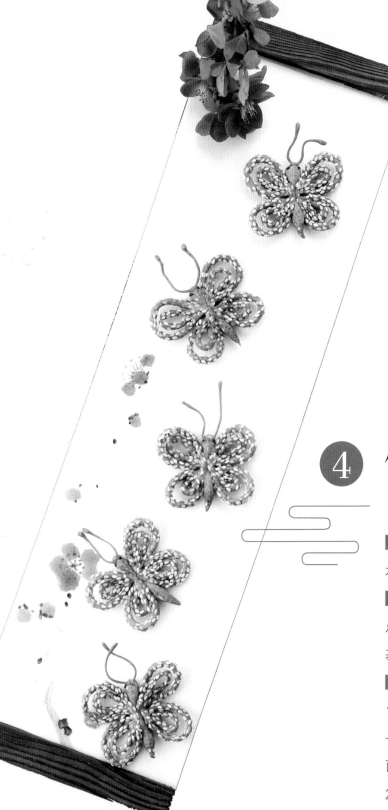

④ 馓子蝴蝶

原料 富强粉、红糖、色拉油、水、芝麻

特点 口感酥脆、甜香怡人，此点在北京小吃——馓子的制作技艺基础上进行了改良创新。

馓子蝴蝶制作步骤

1. 调制面团：将面粉过筛与红糖一起拌匀，加入水、油、芝麻和成面团。

2. 加工半成品：将和制好的面团搓成条状，刷油饧制，慢慢抻细制作成蝴蝶状。

3. 炸制成品：将加工成型的半成品放入油锅中炸制成熟。

4. 成品装盘：待控出多余油分后，根据盘饰设计装盘。

⑤ 姜汁葫芦排叉

原料 富强粉、油、姜水、麦芽糖、蛋清

特点 造型美观，色白光亮，质感酥脆，口味香甜，在北京传统小吃——排叉的基础制作工艺上进行了造型创新。

姜汁葫芦排叉制作步骤

1. 调制面团：将面粉过筛，加入姜汁、水、油、蛋清和成面团。

2. 加工半成品：将和制好的面团擀制成面片后切条，卷制加工成葫芦状。

3. 炸制成品：将加工成型的半成品放入油锅中炸制成熟，放入麦芽糖浆中蘸均取出。

4. 成品装盘：根据盘饰设计装盘。

⑥ 麻酱烧饼

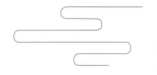

原料　特精粉、干酵母、水、白芝麻、麻酱、花椒面、盐、白糖、色拉油

特点　口味咸香，外部酥脆，心部暄软，层次清晰，色泽棕红，食用后使食客口齿留香，是传统面食的代表品种。

麻酱烧饼制作步骤

1. 调制面团：将面粉过筛与酵母一起拌匀，加入水和制成团。

2. 调制酱料：将芝麻酱、盐、花椒面调制成酱料。

3. 加工半成品：将和制好的面团擀成大片，抹上酱料，一边抻一边由上至下卷成条状后出剂，分别揉制成团，表面均匀刷上糖水并粘上一层芝麻按成饼状半成品码入烤盘。

4. 烤制成品：将加工成型的半成品放入烤箱中烤制成熟。

5. 成品装盘：根据盘饰设计装盘。

 开口笑

原料 富强粉、鸡蛋、白糖、色拉油、水、白芝麻、无矾泡打粉

特点 口味香甜，质地松酥，色泽金黄，是中华美食传统面点品种，食用人群广泛。

开口笑制作步骤

1. 调制面团：将面粉过筛与白糖、无矾泡打粉一起拌匀，加入鸡蛋、色拉油、水和制成团。

2. 加工半成品：将和制好的面团搓条、出剂揉圆，沾水后均匀裹上一层芝麻加工成半成品。

3. 炸制成品：将加工成型的半成品放入油锅中炸制成熟。

4. 成品装盘：控去多余的油分后根据盘饰设计装盘。

（8） 螺蛳转

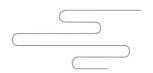

原料 标准粉、盐、花椒粉、茴香粉、小苏打、麻酱

特点 旋纹均匀清晰，形如螺蛳，外皮酥脆，内质松软。

螺蛳转制作步骤

1. 调制面团：标准粉、小苏打加水和制成面团，下剂子，擀成长方形的面片。

2. 加工半成品：在擀好的面片上涂上麻酱、花椒粉、茴香粉、盐，从面片的上面往下卷起来，从卷好的圆柱形面卷的左边向右边切开，把切开的两条面卷有层的一面向上并在一起，拉长卷起。

3. 烤制成品：放入烤箱烤制成熟。

4. 成品装盘：根据盘饰设计装盘。

豆面糕

坯皮 糯米粉、黄豆面

馅心 豆沙馅

特点 外裹一层棕黄色的豆面，干香扑鼻，口感柔软，有韧劲，是北京传统小吃，俗称"驴打滚"。

豆面糕制作步骤

1. **加工原料**：黄豆去杂质，洗净放入锅中炒制成棕黄色，取出碾成豆面，过筛。

2. **制作面团**：糯米粉加入清水和成糊状，倒入抹好油的平盘中蒸制5分钟。

3. **制作馅料**：将豆沙馅擀成和蒸熟的糯米面团大小一样的大片。

4. **加工成品**：将炒好的黄豆面均匀的撒在案板上，蒸好的糯米面铺在黄豆面上，最上面放豆沙馅，擀薄并由上至下卷紧成条后，用刀改成所需大小形状。

5. **成品装盘**：根据盘饰设计装盘。

10 奶油龙须饼

原料　高筋面粉、盐、食用油、奶油

特点　细如发丝，色泽洁白，口味香甜，酥脆可口。

奶油龙须饼制作步骤

1. 调制面团：将面粉过筛与盐一起拌匀，加水和成面团。

2. 制作馅料：将奶油打至起发，装入裱花袋。

3. 加工半成品：将和制好的面团用抻面的手法加工成龙须面后分段盘成饼状。

4. 炸制成品：将加工成型的半成品放入油锅中炸制成熟。

5. 成品装盘：待控出多余油分后，在成品上面挤上奶油，根据盘饰设计装盘。

11 面茶

原料 大米面、小米面、糜子面、碱面、花椒水、盐、麻酱、芝麻椒盐

特点 质地浓稠，颜色鲜黄，香味扑鼻，咸淡适口宜于热食。

面茶制作步骤

1. 调制面糊：把大米面、小米面、糜子面放在一起用凉水泻开，碱面、盐、花椒水倒入开水锅内烧开。

2. 调制成品：将泻好的面糊慢慢倒入开水锅内，边倒边搅拌直至搅拌均匀。

3. 成品盛装：盛入碗中，撒上调制好的麻酱和芝麻椒盐。

12 焦圈

原料 标准粉、油、小苏打、盐

特点 形如手镯，成品色泽金黄，口感酥脆。

焦圈制作步骤

1. 调制面团：面加水和小苏打、盐一起和均匀，饧一会儿，叠一叠放到案板上。

2. 加工半成品：面团按扁、约3厘米厚，用刀切下约4厘米宽的长条面抻薄，剁成小块，两小块合在一起，当中开一刀，一只手拿着下锅。

3. 炸制成熟：下锅后用筷子支开刀口，呈圆形，用温油炸焦出锅。

4. 成品装盘：根据盘饰设计装盘。

⑬ 肉末烧饼

坯皮 富强粉、白糖、干酵母、水、芝麻、色拉油

馅心 猪肉馅、荸荠、白糖、酱油、味精、盐、葱、姜、料酒、香油

特点 吃口松软，清香，口味咸鲜，烧饼做成圆形、空心，饼底周围有一突出的边，形如马蹄，表面粘有芝麻，烧饼里加以精心炒制的猪肉末。此道点心是宫廷点心佳品，也是北京风味点心代表品种。

肉末烧饼制作步骤

1. 调制面团：将面粉过筛与酵母、白糖一起拌匀，加入清水和成面团。

2. 制作馅料：猪肉馅、荸荠、白糖、酱油、味精、盐、葱、姜、料酒、香油炒制成馅料。

3. 包制成型：将和制好的面团用压面机压制光滑，搓条、出剂，包入沾上油的一块面团成圆球状，在上面刷糖水后粘一层芝麻按成棋子状码入烤盘。

4. 烤制成品：将加工好的半成品放入烤箱烤至成熟。

5. 成品装盘：将烤好的面饼从中部切开一半取出包入的面团后，装入馅料，根据盘饰设计装盘。

⑭ 萨其马

原料 富强粉、鸡蛋、无矾泡打粉、麦芽糖、果脯、熟芝麻

特点 口味香甜，质地酥软，造型独特，营养丰富，是传统少数民族食品。要求制作者在制作面坯和糖浆熬制上对火候把控精准，此道点心是宴会上的高档点心；曾在接待外国元首时多次受到好评。

萨其马制作步骤

1. **调制面团**：将面粉过筛与无矾泡打粉一起拌匀，加入鸡蛋和成面团。

2. **熟制面团**：将和制好的面团加工成面条状，下入油锅炸制成浅黄色至成熟。

3. **炒制糖浆**：将麦芽糖和水熬制成糖浆。

4. **加工成品**：将炸好的面条、果脯、糖浆均匀拌在一起后倒入盘中按实。

5. **成品装盘**：用刀将加工好的成品改刀成所需形状，根据盘饰设计装盘。

注：此成品为观赏用。

⑮ 糖火烧

原料 标准面粉、小苏打、麻酱、红糖

糖火烧制作步骤

1. 调制面团：面粉、小苏打加水和面，饧发20分钟，擀平。

2. 加工半成品：红糖和麻酱搅拌均匀，涂在擀好的面片上，从面片的上方往下卷起来，卷好的面卷从左往右对折，再搓长再对折，共3次，然后下剂子，制成半圆形。

3. 烤制成熟：放入烤箱烤制成熟。

4. 成品装盘：根据盘饰设计装盘。

⑯ 糖耳朵

原料　面肥、碱面、富强粉、麦芽糖

特点　颜色金黄油润，质地绵软，香甜可口。

糖耳朵制作步骤

1. 调制面团：面肥加碱面揉匀分成两份。

2. 调制糖面：富强粉和麦芽糖和成糖面团，饧发20分钟。

3. 加工半成品：面肥面团和糖面团都擀成长方形，叠起来，上下是面肥面团，中间是糖面团。将叠好的面片从后半部翻起压在前半部上，呈U字型改刀，第一刀不切断，第二刀切断，翻成耳朵的形状。

4. 炸制成熟：将半成品入油锅炸透后倒入麦芽糖浆中。

5. 成品装盘：从糖浆中捞出根据盘饰设计装盘。

⑰ 三鲜烧卖

坯皮 高筋面粉、盐

馅心 猪肉馅、虾仁、海参、香菇、冬笋、盐、酱油、香油、糖、胡椒粉、姜、葱

特点 皮薄馅肥，味香利口，形态美观，犹如一朵雪梅，舒瓣盛开，是中华传统面点之一。

三鲜烧卖制作步骤

1. **调制面团：** 将面粉过筛与盐一起拌匀，加水和成面团。

2. **制作馅料：** 将猪肉馅、虾仁、海参、香菇、冬笋、盐、酱油、香油、糖、胡椒粉、姜、葱调制成馅料。

3. **加工半成品：** 将和制好的面团搓条、出剂、擀制成烧卖皮，放入馅心包制成型。

4. **蒸制成品：** 将包好的半成品放入锅中蒸制成熟。

5. **成品装盘：** 将蒸好的成品，根据盘饰设计装盘。

⑱ 豌豆黄

原料　豌豆、白糖

特点　颜色浅黄，细腻纯净，豆香浓郁，香甜凉爽，入口即化。

豌豆黄制作步骤

1. 加工原料：将干豌豆泡水后蒸制成熟，倒在面粉筛上出豆蓉。

2. 熟制成品：将豆蓉放入铜锅中加入白糖，小火熬制黏稠后倒入盘中放凉。

3. 成品装盘：用刀将加工好的成品改刀成所需形状，根据盘饰设计装盘。

⑲ 小豆凉糕

原料　红小豆、白糖、琼脂

特点　颜色褐红，香甜味美，清爽利口，夏季必点小吃。

小豆凉糕制作步骤

1. 加工原料：将红小豆泡水后蒸制成熟，倒在面粉筛上出豆蓉。琼脂加入少量热水溶化。

2. 熟制成品：将豆蓉放入铜锅中加入白糖、琼脂，小火熬制黏稠后倒入盘中放凉。

3. 成品装盘：用刀将加工好的成品改刀成所需形状，根据盘饰设计装盘。

20 芸豆卷

原料　白芸豆、豆沙馅、白糖、芝麻仁

特点　颜色洁白，形象美观，质地细腻，口味沙甜，是宫廷御膳名点。

芸豆卷制作步骤

1. 加工原料：将白芸豆泡水后蒸制成熟，倒在面粉筛上出豆蓉。

2. 加工成品：案板上铺上纱布，将豆蓉在纱布上面压成薄厚均匀的长方形，在豆蓉片上下1/3处各摆两条豆沙馅，在中间处撒白糖和芝麻仁。上下向中心线对折，再对折。

3. 成品装盘：用刀将加工好的成品改刀成所需形状，根据盘饰设计装盘。

㉑ 炸卷果

原料 山药、小枣、青梅、油豆皮、面粉、色拉油、糖浆

特点 色泽美观，软糯香甜，外裹一层明亮汁芡，是一道北京传统风味小吃。

炸卷果制作步骤

1. 加工馅料：山药去皮拍碎，小枣、青梅切粒。

2. 调制馅料：将面粉过筛与山药碎、小枣粒、青梅粒一起拌匀和制成团。

3. 加工半成品：将和制好的馅料用油豆皮卷成条状，蒸制20分钟后压成三角形放凉。

4. 熟制成品：将加工成型的半成品切厚片，放入油锅炸制成熟后加适量糖浆拌匀。

5. 成品装盘：根据盘饰设计装盘。

Part 4

徒弟优秀作品展示

特色类

1 烤银丝卷

原料　面粉、酵母、白糖、香油、无矾泡打粉

特点　表皮色泽金黄，口感酥脆，丝条洁白，口感暄软。

2 抛饼

坯皮　高筋粉、椰浆、炼乳、白糖、盐、鸡蛋、水、黄油

馅心　熟制咖喱牛肉馅

特点　口味咸香甜，咖喱味浓郁，色泽金黄，饼层次分明，质感酥脆，技术性要求较强，要求制作人员能够熟练操作。

③ 银丝清汤面

原料 高筋面粉、盐、蛋清、水、白胡椒粉、清汤、豆苗、枸杞

特点 口味咸鲜，面条筋道爽滑，细如发丝，营养丰富。

④ 珊瑚卷

坯皮 高筋面粉、牛奶、菠萝汁、无矾泡打粉

馅心 果脯、淡奶油

特点 口味香甜，奶香味浓郁，馅心滑爽，皮面质感劲道，外形美观，是宴会佳品。

⑤ 如意酥卷

坯皮 富强粉、猪油、水

心面 富强粉、猪油

馅心 熟面粉、白糖、黑芝麻、麻酱

特点 形似如意，质感松酥，口味香甜，入口即化，是一道传统大众美食。

⑥ 四大缸

坯皮　富强粉、酵母、水

四缸原料　熟制肉末雪里蕻、虾酱炒鸡蛋、老北京熟咸菜、熏烤咸鱼

特点　烧饼外皮酥脆，色泽金黄，根据食客需求配上不同馅料，风味独特，深受广大北方民众喜爱。

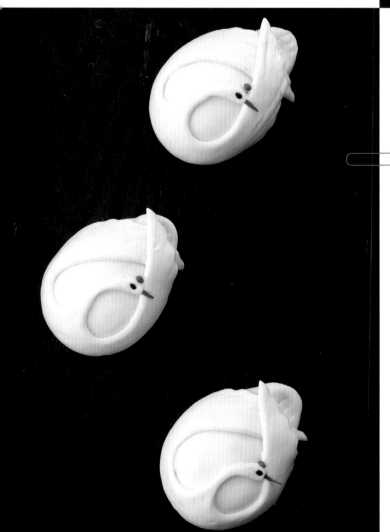

⑦ 天鹅包

坯皮　高筋面粉、干酵母、糖

馅心　奶黄馅

特点　色泽洁白光亮，口味香甜适口，奶香味浓郁，质地暄软，造型美观大方，曾获得第六届全国烹饪大赛金奖。

8 闻喜饼

坯皮 高筋面粉、盐、水

馅心 葱花、猪板油、色拉油、火腿丁

特点 外酥里嫩，肥而不腻，外形美观，营养丰富，对面点制作人基本功要求较高，源于山西省闻喜县，已有300多年历史，是山西特色面食之一。

9 国宴无矾油条

原料 富强粉、盐、无矾泡打粉、鸡蛋、色拉油、水

特点 制品呈金黄色，质感松脆，口味微咸，香气扑鼻，是传统面点在原材料上的改良（因矾对人体有害），在接待工作中多次受到嘉宾好评，食用人群广泛，是中华美食面点品种之一。

⑩ 枇杷果

坯皮 糯米粉、南瓜泥、白糖

馅心 白莲蓉馅

特点 形态逼真，色泽光润艳丽，口味香甜，质感软糯外酥，是大型宴会点心佳品，曾在大赛中获得金奖。

⑪ 雪山包

坯皮 低筋面粉、白糖、黄油、酵母、奶粉

馅心 自制山药馅

特点 外皮质感酥脆，餐包软滑，馅心香甜味美，此点含有丰富膳食纤维，有补脾健胃功效。

12 燕麦流沙球

坯皮 糯米粉、澄面、吉士粉、白糖、黄油、燕麦

馅心 黑芝麻流沙馅

特点 质感酥糯，口味香甜，馅心稀软，破口后如细沙一般流出，此点对馅心加工工艺要求较高，曾在大赛中获得金奖。

13 粗粮象形梨

坯皮 高筋面粉、玉米粉、绵白糖、黄油、吉士粉、猪油、鸡蛋

馅心 自制熟梨馅

特点 色泽金黄，形象逼真，粗粮细作，香甜适口，口感酥化，是宴席中点心佳品。

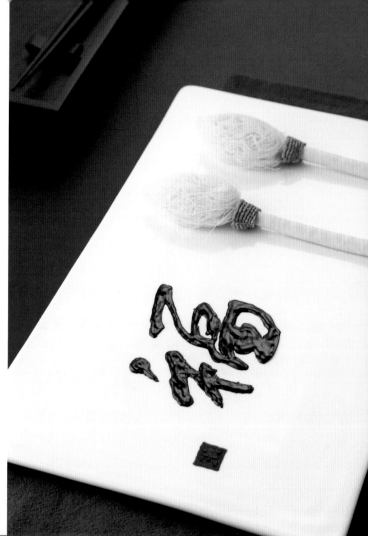

14 一笔定乾坤

原料　高筋面粉、盐、水

特点　此点口味咸香，质感酥脆，在传统龙须面的基础上，在造型方面进行了改良，要求操作人员具有较高的基本功，此作品尽显中华文化深厚的底蕴。

15 一品金饼

坯皮　高筋面粉、白糖、胡萝卜汁、无矾泡打粉、黄油、鸡蛋

馅心　白莲蓉馅

特点　制品口味香甜，质感松酥，色泽金黄，皮面入口即化，是宴会中的精品，此点心获第五届全国烹饪大赛金奖。

16 一窝酥

坯皮　高筋面粉、糖

馅料　红豆沙馅

特点　做工精细，色泽
金黄，口味香甜，丝多
香脆。

17 鹅肝龙须饼

坯皮　特精粉、盐、水

馅心　自制鹅肝酱

特点　口味咸鲜，质感松脆，鹅肝酱
香气长留齿间。装盘色彩艳丽，是传统
面点结合西餐装饰形态的完美展现，多
次参加传统面点展示并获金奖。同时此
点是传统点心个性吃法的体现，适合高
档宴会及商务餐食用。

18 葫芦

坯皮 糯米粉、白糖、南瓜泥

馅心 白莲蓉馅

特点 色泽金黄，形态逼真，口味香甜，质地酥糯，是老少适宜的面点上品，多用于喜庆宴会。

19 越南春卷

坯皮 越南米皮

馅心 虾仁、新鲜生菜

特点 馅料以新鲜蔬菜为主，色彩鲜嫩，清新爽口。

20 纸皮包子

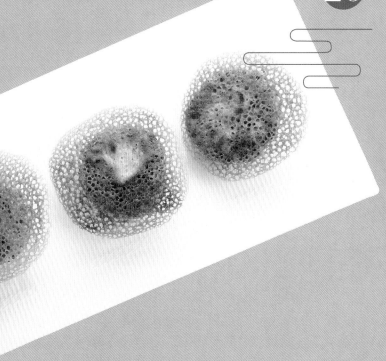

坯皮 高筋面粉

馅心 猪肉馅、粉条、韭菜、白菜、盐、味精、蚝油、生抽、香油、白糖、葱末、姜末

特点 口味咸鲜，馅心松散，皮面劲道适口，成熟方法独特，是宴会点心佳品。

21 纸皮炸糕

坯皮 糯米粉、淀粉、白糖、黄油

馅心 红豆馅

特点 此点制法独特，味道香甜，质感酥脆，成品呈现半透明状，薄如纸，故名纸皮炸糕。要求制作者对火候的掌控不差分毫，技术性较强，曾获得第六届全国烹饪大赛金奖。

特色面点

① 驴肉火烧

坑皮 富强粉、干酵母

馅心 自制熟驴肉

特点 "天上龙肉、地下驴肉"
是美食家对驴肉的完美评价。成
品火烧口感酥脆，驴肉酱香味
浓郁。

② 冰花锅贴

坑皮 高筋面粉

馅心 牛肉馅、酱油、花椒、
盐、糖、葱、姜、胡椒粉

特点 口味咸鲜，馅心鲜嫩多
汁，质地酥脆软糯，冰花色泽金
黄，是在中华传统锅贴制作技法
的基础上进行了创新。

③ 叉烧包

坯皮 面种、低筋面粉、糖、无矾泡打粉、鸡蛋、猪油

馅心 叉烧肉、叉烧芡

特点 包皮松软，包面开花，不粘牙，馅汁多，口味甜咸，风味独具，是广东风味的代表品种。

④ 传统白皮酥月饼

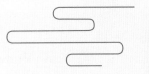

坯皮 富强粉、猪油

馅心 白糖、桃仁、花生仁、白芝麻、黑芝麻、西瓜仁、青红丝、熟面、香油

特点 此点心质感酥松，口味香甜，用料广泛，营养丰富，色泽洁白。

⑤ 传统年糕

原料　黄米面、花豆、大枣

特点　此点在营养搭配上非常合理，食用时有豆香味在齿间留香，又有枣的香甜，令人回味，是中华传统节日"春节"的必备美食。

⑥ 金菊绽放

原料　特精粉、胡萝卜汁、盐、糖

特点　口味甜咸，质感暄软，色彩艳丽，形似怒放的金菊，装盘形式新颖，在传统面点的基础上突破创新，对基本功的要求较高，多次获得大赛金奖。

⑦ 翡翠小笼汤包

坯皮 雪花粉、菠菜汁

馅心 猪肉馅、皮冻、味精、糖、盐、蚝油、生抽、葱姜水、香油

特点 外皮薄而透明，色彩艳丽，馅心美味多汁，提褶均匀，用筷子夹起晃动时里面汤汁隐约可见，配以姜丝、香醋佐食，风味更佳。

⑧ 九层肉饼

坯皮 高筋面粉

馅心 牛肉馅、白胡椒粉、花椒、糖、酱油、盐、植物油

特点 烙制成熟后馅皮层次分明，口味咸鲜，牛肉馅鲜嫩，制品色泽金黄，诱人食欲，香气十足。

⑨ 套包

坯皮1 高筋面粉、干酵母、胡萝卜汁、白糖

坯皮2 高筋面粉、干酵母、菠菜汁、白糖

馅心1 猪肉馅、盐、味精、酱油、白胡椒粉、水、姜末、大葱

馅心2 小白菜、虾皮、鸡蛋、盐、味精、香油

特点 造型新颖独特，色彩分明，馅心分为荤素两种，口味独特，质地光亮、暄软，是宴会点心佳品。

⑩ 煎嬷嬷

原料 黄米面、自制红豆馅

特点 色泽金黄，外脆里嫩，豆香味浓郁，为北方特色面食。

⑪ 奶香棉花杯

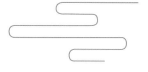

原料　低筋面粉、白糖、牛奶、无矾泡打粉、水、猪油、鸡蛋、白醋

特点　口味香甜，奶香味浓郁，质地暄软，洁白光亮，是营养丰富、老少适宜的宴会佳点。

12 烤馒头

原料 特精粉、糖、干酵母

特点 成品色泽金黄，口味香甜，制品表皮酥脆，心部暄软，在吃口上有层次感，熟制时采用先蒸后烤的复合成熟法，具有特殊风味。

13 空心大麻球

原料 糯米粉、糖、小苏打、芝麻、色拉油

特点 形大如篮球，内空外圆，色泽金黄，成品香脆，口味甜糯。

14 老虎包

坯皮 高精面粉、南瓜蓉、干酵母、白糖

馅心 红莲蓉馅

特点 卡通造型可爱，口感暄软，营养丰富，口味香甜，适合儿童食用。

15 乐亭烧饼

坯皮 富强粉、白芝麻

馅心 猪肉馅、大葱、酱油、盐、味精、白胡椒粉

特点 乐亭烧饼入口后越嚼越香，口味咸鲜，质地酥脆利口，起源于河北省乐亭县，是深受大众喜爱的传统美食之一。

16 奶汁石榴包

坯皮 糯米粉、白糖、猪油、澄面

馅心 虾仁、三花淡奶、芝士、洋葱

特点 芝士味浓郁，表皮酥脆，馅心口味独特，此品是中式面皮与西式馅心的完美结合。

17 糯米鸡

坯皮 干荷叶

馅心 糯米、鸡肉、咸鸭蛋黄、香菇

特点 造型美观，味道软糯可口，有荷叶的清香味。

甜点类

① 苹果慕斯蛋糕

原料 奶油乳酪、砂糖、淡奶油、柠檬汁、苹果蓉、鸡蛋、低筋粉、糖粉、可可粉、酸奶

特点 入口即化，奶香味浓郁，口味香甜，苹果色清新脱俗，是大型宴会甜点佳品。

② 蛋挞

坯皮 面粉、黄油、鸡蛋、白糖

挞汁 牛奶、鸡蛋、糖

特点 坯皮色泽金黄，层次分明，口感松酥，挞汁口味香甜，口感软嫩。

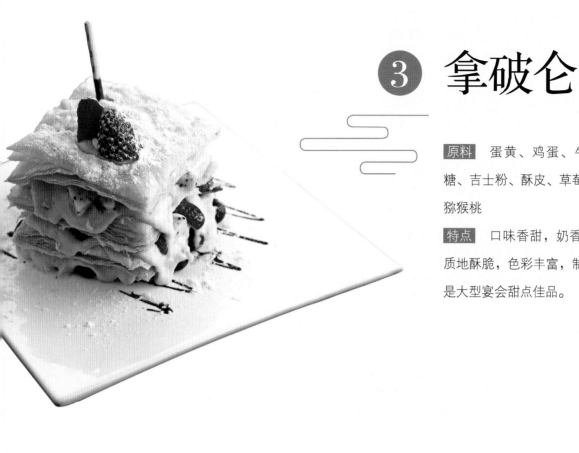

③ 拿破仑

原料　蛋黄、鸡蛋、牛奶、白糖、吉士粉、酥皮、草莓、蓝莓、猕猴桃

特点　口味香甜，奶香味浓郁，质地酥脆，色彩丰富，制品饱满，是大型宴会甜点佳品。

④ 橙汁奶黄球

坯皮　澄面、白糖、生粉、椰蓉、橙汁粉

馅心　牛奶、鸡蛋、炼乳、黄油、糖

特点　口味香甜，奶香浓郁，色彩靓丽，质感软糯具有弹性。

⑤ 紫薯盆栽慕斯

原料 紫薯、砂糖、黑巧克力、淡奶油、白兰地、奥利奥碎、牛奶、吉利片、薄荷叶

特点 香甜可口，巧克力味浓郁，入口即化，造型新颖独特，是大型宴会甜点佳作。

⑥ 香芒椰雪花

原料 椰浆、白糖、斑斓叶、芒果、薄荷叶

特点 椰香浓郁，具有淡淡的斑斓叶的清香，口感清爽，是夏季最佳甜品。

⑦ 棉花糖小鸡

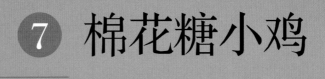

原料 白糖、葡萄糖浆、吉利片、蛋清、椰蓉适量

特点 造型可爱，口味香甜，质感软嫩具有弹性，色彩鲜明，老少适宜。

油酥类

1 草帽酥

坯皮　高精面粉、低筋面粉、猪油

馅心　白莲蓉馅

特点　口味香甜，色泽洁白，质地酥脆，形象逼
真，层次分明，是高档宴会佳品，曾获第六届全国
烹饪技能大赛金奖。

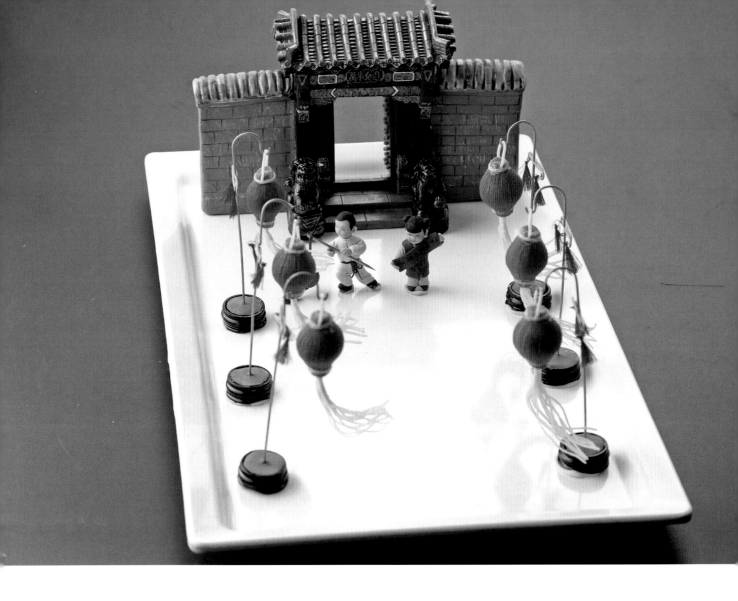

② 灯笼酥

坯皮 高筋面粉、红菜头汁、低筋面粉、猪油

馅心 山药、糖、油

特点 造型新颖独特，形态逼真，色彩艳丽，此点在直酥基础上对造型进行改良，技术难度较高，是高档宴会和喜庆宴席的佳品。

③ 海螺酥

坯皮 高筋面粉、低筋面粉、猪油、可可粉

馅心 白莲蓉馅

特点 口味香甜，质感酥脆，造型新颖，形态逼真，曾获全国烹饪大赛金奖。

④ 荷花酥

坯皮 高筋粉、低筋粉、猪油、糖

馅心 枣泥

特点 层次分明，层薄如纸，色泽洁白，形似盛开的荷花，馅心香甜适口，皮面脆香，曾获得北京市烹饪大赛金奖。

5 牛头酥

坯皮 高筋面粉、低筋面粉、猪油

馅心 绿豆茸、糖、油

特点 层次清晰，色泽洁白，皮酥馅软，形象逼真，是高档宴席的佳品，曾在烹饪大赛中获得金奖。

6 莲藕酥

坯皮 高筋面粉、低筋面粉、猪油、海苔、鸡蛋

馅心 百合、糖、油

特点 形象逼真，色泽洁白，层次清晰，馅心香甜，外皮酥香，是筵席点心中的佳品，曾在烹饪大赛中获得金奖。

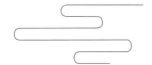

⑦ 糯米粽子酥

坯皮 高筋面粉、低筋面粉、猪油、菠菜汁、绿茶粉

馅心 熟糯米馅

特点 此道美点整体造型逼真，色泽碧绿，馅心软糯香甜，外皮酥松可口，层次清晰，技术难度高，是对基本功要求较高的筵席点心，曾在烹饪大赛中获得金奖。

8 啤酒桶酥

坯皮　高筋面粉、低筋面粉、猪油、可可粉、海苔、鸡蛋

馅心　豆沙馅

特点　赏心悦目，形如啤酒桶，层次清晰分明，曾获得全国第五届饭店业烹饪技能大赛特金奖。

9 苹果酥

坯皮　高筋面粉、低筋面粉、猪油、菠菜汁

馅心　苹果、白糖、油

特点　层次清晰，形态逼真，色泽碧绿，皮酥馅心香甜，是高档宴席和喜庆宴席中的佳品，曾在烹饪大赛中获得金奖。

⑩ 棋子酥

坯皮　高筋面粉、低筋面粉、猪油

馅心　冬菜、猪肉馅、芝麻、葱、姜、盐、糖、香油

特点　口味咸鲜适口，质感酥松，在传统酥皮点心上进行改良，是宴会点心佳品。

⑪ 天鹅酥

坯皮　高筋面粉、低筋面粉、猪油

馅心　白莲茸馅

特点　质地酥脆，口味香甜，层次分明，造型端庄可爱，形态逼真，是高档宴会点心佳品。

⑫ 提包酥

坯皮 高筋面粉、低筋面粉、猪油

馅心 奶黄馅

特点 造型新颖，形态逼真，口味香甜，色泽洁白，质地酥松。

⑬ 香菇酥

坯皮 高筋面粉、猪油、低筋面粉

馅心 豆沙馅

特点 形象逼真，制作方法新颖独特，香菇帽里的纹理表现完美，具有很高的观赏性和实用性，获得北京市技协杯面点大赛金奖。

14 象形核桃酥

坯皮 高筋面粉、低筋面粉、猪油、可可粉

馅心 红豆沙馅、核桃仁

特点 口味香甜，外皮酥松，色泽深咖啡色，形如核桃，此点寓意美好"和和美美"，是喜庆宴会的佳品。

15 足球酥

坯皮 高筋面粉、低筋面粉、猪油、可可粉

馅心 五仁馅

特点 口味香甜，果仁香味浓郁，质地酥脆，层次分明，色泽黑白相间，形似足球，由黑白两块坯皮编制成型，曾荣获大赛金奖。

蒸饺类

① 白菜虾饺

坏皮　澄面、生粉、菠菜、猪油、水

馅心　虾仁、白菜、马蹄、盐、糖、鸡粉、香油、生粉、猪油、胡椒粉

特点　口感咸鲜，形似白菜，大小均匀，色彩美观。

② 带子饺

坏皮　澄面、生粉、油菜、猪油、水

馅心　虾仁、带子、马蹄、盐、糖、鸡粉、香油、生粉、猪油、胡椒粉

特点　形态饱满，皮薄透亮，形状美观，口感鲜香。

3 冠顶饺配桃心饺

坯皮 澄面、生粉、菠菜、吉士粉、猪油、水

馅心 虾仁、冬笋、马蹄、盐、糖、鸡粉、香油、生粉、猪油、胡椒粉、辣酱、沙拉酱

特点 色彩搭配合理，形状美观，皮薄馅大，口味丰富。

4 黑虾饺

坯皮 澄面、生粉、墨鱼汁、猪油、水

馅心 虾仁、墨鱼、马蹄、盐、糖、鸡粉、香油、生粉、猪油、豆豉

特点 色彩独特，形状美观，皮薄馅大，口味咸鲜。

5 花色蒸饺

坯皮 澄面、生粉、菠菜、红菜头、吉士粉、猪油、水

馅心 虾仁、冬笋、马蹄、盐、糖、鸡粉、香油、生粉、胡椒粉

特点 各色蒸饺拼盘色彩搭配合理，口感丰富，装盘美观。

6 兰花饺

坯皮 澄面、生粉、红菜头汁、猪油、水

馅心 虾仁、芒果、盐、糖、鸡粉、香油、生粉、猪油

特点 色泽粉红，形似兰花，馅心鲜嫩爽脆，是高档宴会佳品。

⑦ 竹炭粉金鱼蒸饺

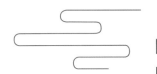

坯皮 特筋面粉、竹炭粉、猪油、水

馅心 猪肉馅、韭菜、虾仁、葱、姜、盐、糖、酱油、胡椒粉

特点 成品口味咸鲜多汁，制品劲道，色泽黝黑光亮，形态逼真，是高档宴会点心佳品。

8 奶黄
金鱼蒸饺

坯皮 澄面、猪油、生粉、红菜头汁

馅心 鸡蛋、黄油、白糖、炼乳、牛奶、奶粉

特点 成品口味香甜，面皮晶莹剔透，整体色泽艳丽，造型逼真。

⑨ 素蒸饺

坯皮　澄面、生粉、猪油、水

馅心　金针菇、木耳、荷兰豆、胡萝卜

特点　形态美观，口感鲜香，花折均匀细腻。

⑩ 虾饺

坯皮　澄面、生粉、猪油、水

馅心　虾仁、冬笋、马蹄、盐、糖、鸡粉、香油、生粉、猪油、胡椒粉

特点　形似弯梳，晶莹剔透，馅心色泽美观，是广式点心的代表品种。

11 翡翠蒸饺

坯皮	澄面、生粉、菠菜汁、猪油
馅心	菠菜、蟹肉、盐、糖、鸡粉、香油、胡椒粉
特点	花边颜色似翡翠，皮薄透亮，口感鲜香。

作者团队介绍

王志强大师，1948年出生，籍贯北京。中国烹饪大师，国家一级评委，高级裁判员，高级面点技师，北京特级烹饪大师，北京市餐饮行业协会名厨，国际饮食养生研究会理事。1964年在北京前门饭店参加工作，拜名厨李德才为师学习面点制作，擅长京式、苏式、广式的面点制作，并旁通西式面点技术，后任职于北京前门饭店。多次指导、组织、设计大型冷餐会和以米、面为主的民族特色小吃宴、饺子宴、粽子宴，受到国内外宾客的高度赞扬。

1987年	获北京市优秀厨师称号。
1999年	被国家劳动部和社会保障部职业技能鉴定中心授予"国家题库中式面点师命题专家"称号。
2006年	被中国烹饪协会认定为面点工种全国餐饮业一级评委。
2006年	被北京烹饪协会认定为北京餐饮特级评委。
2009年	两岸饺饺者友谊赛，获最佳厨艺奖、最佳创意造型奖。
2010年	被聘为北京市职业教育专家委员会委员。
2011年	被北京市商务委员会聘为北京国际美食盛典专家评审委员会面点小吃组组长。
2011年	被评为第二届北京市职工职业技能大赛优秀裁判长。
2012年	被山东省商务厅聘为第二届山东省鲁菜创新大赛中式面点技能裁判长。
2013年	获得2013国际五星名厨白金勋章。
2014年	被中国食文化研究会20周年庆典组委会授予餐饮文化功勋奖。
2014年	被授予餐饮行业50年特殊贡献奖。
2014年	被聘为世界中国烹饪联合会国际中餐名厨专业委员会顾问。
2015年	注册资深级烹饪大师。
2015年	被聘为北京市饮食行业协会第六届理事会名厨专业委员会委员。
2016年	被聘为公安边防部炊事技术专家。
2016年	获得海峡两岸美食文化交流论坛"两岸十大名师"称号。
2017年	获得中国餐饮30年功勋人物奖。
2017年	被北京烹饪协会聘为中国京菜名店名厨名菜认定工作组委会认定专家委员会委员。
2017年	被世界中餐业联合会授予中餐厨师艺术家称号。

全国烹饪大赛中式面点组第四、五、六、七届评委。

徒弟们介绍

石明	北京大董烤鸭店有限责任公司	中式面点高级技师	公司副总 兼市场开发部经理
闻斌	北京鑫华工贸集团鑫利厚市场中心		总经理
尹旭勇	中国人民解放军-陆军后勤部综合训练基地	中式面点高级技师	烹饪专业教师
米占芳	玉林餐饮集团（华威 桥店）	中式面点高级技师	面点厨师长
滕杏芝	北京外语教学与研究出版社外研宾馆	中式面点高级技师	经理
朱小蕾	眉州东坡小吃事业部	中式面点高级技师	面点研发高级技师
武玉荣	清华大学饮食服务中心	中式面点高级技师	面点技术总监
程波军	京西宾馆	中式面点高级技师	面点厨师长
胥树青	北京凯斯大酒店	中式面点高级技师	面点厨师长
高宗毅	京丰宾馆	中式面点高级技师	面点厨师长
张景宇	全聚德集团王府井烤鸭店	中式面点高级技师	面点厨师长
张虎	北京市工贸技师学院	中式面点高级技师	中式面点教师
史瑞	全聚德集团前门烤鸭店	中式面点高级技师	面点主厨
马志强	山东莘平乡巴佬酒店	中式面点技师	面点厨师长
茹广斌	玉林餐饮集团（玉林烤鸭店）	中式面点高级厨师	面点技术总监
盛余显	玉林餐饮集团(一花一叶餐饮公司)	中式面点高级厨师	面点技术总监
冯玉江	北京金丰餐饮公司	中式面点高级厨师	区域面点总监
刘吉桐	北京华天凯丰餐饮服务有限公司	中式面点高级技师	项目经理
胡连文	保定市电谷国际酒店	中式面点高级技师	面点厨师长
张军权	北京君达金顶餐饮管理有限公司	中式烹调高级技师	总经理
万波	全聚德集团双井烤鸭店	中式面点高级技师	面点厨师长
郑阳	北京市丰台区职业教育中心学校	中式面点技师	中餐专业教师
赵春梅	清华大学饮食服务中心	中式面点技师	面点厨师
张红军	新华社机关服务中心餐饮服务处	中式面点高级技师	
李茂林	北京会议中心	中式面点技师	面点主管
黄小辉	便宜坊集团锦馨豆汁店	中式面点技师	店长
郭丹	北辰五洲大酒店	中式面点高级技师	面点厨师长
邱云贺	便宜坊集团锦芳鲜鱼口店	中式面点技师	店长
韩芳	便宜坊集团锦芳大都市店	中式面点技师	店长
陈玉凤	解放军总医院幼儿园	中式面点高级厨师	面点主管
付宗玺	旺顺阁(北京)投资管理有限公司	中式面点高级厨师	面点主管
张君臣	玉林餐饮集团（玉林定福庄烤鸭店）	中式面点高级厨师	面点厨师长
翟国胜	北京聚德华天控股有限公司护国寺小吃（西安门店）	中式面点高级技师	面点厨师
解小虎	北京聚德华天控股有限公司烤肉宛饭庄(南礼士路店)	中式面点高级技师	面点主管
邢振秀	北京国谊宾馆	中式面点高级厨师	面点厨师长
谢江华	北京顺来福酒店管理集团有限公司		面点主管

图书在版编目（CIP）数据

星级面点：国宝级大师50余年匠人技艺 / 王志强著.
--北京：中国纺织出版社，2017.10
　ISBN 978-7-5180-4032-2

　Ⅰ．①星… 　Ⅱ．①王… 　Ⅲ．①面食－制作　Ⅳ.
①TS972.13

中国版本图书馆CIP数据核字（2017）第222902号

责任编辑：国　帅　　　　　　　　责任印制：王艳丽
版式设计：北京八度出版服务机构

中国纺织出版社出版发行
地址：北京市朝阳区百子湾东里A407号楼　邮政编码：100124
销售电话：010－67004422　传真：010－87155801
http://www.c-textilep.com
E-mail:faxing@c-textilep.com
中国纺织出版社天猫旗舰店
官方微博http://weibo.com/2119887771
北京市雅迪彩色印刷有限公司印刷　各地新华书店经销
2017年10月第1版第1次印刷
开本：889×1194　1/16　印张：9
字数：64千字　定价：68.00元